中国绿色校园与绿色建筑知识普及教材

绿色校园与未来 2

（供小学高年级使用）

中国绿色建筑与节能专业委员会绿色校园学组 编著

中国建筑工业出版社

图书在版编目（CIP）数据

绿色校园与未来　2（供小学高年级使用）/中国绿色建筑与节能专业委员会绿色校园学组编著．—北京：中国建筑工业出版社，2015.4
中国绿色校园与绿色建筑知识普及教材
ISBN 978-7-112-17955-8

Ⅰ.①绿…　Ⅱ.①中…　Ⅲ.①学校－教育建筑－节能设计－教材　Ⅳ.①TU244

中国版本图书馆CIP数据核字(2015)第054057号

责任编辑：杨　虹
责任校对：姜小莲　刘　钰

中国绿色校园与绿色建筑知识普及教材
绿色校园与未来　2
（供小学高年级使用）
中国绿色建筑与节能专业委员会绿色校园学组　编著
*
中国建筑工业出版社出版、发行（北京西郊百万庄）
各地新华书店、建筑书店经销
北京嘉泰利德公司制版
北京缤索印刷有限公司印刷
*
开本：787×1092毫米　1/16　印张：5　字数：120千字
2016年5月第一版　2016年5月第一次印刷
定价：25.00元
ISBN 978-7-112-17955-8
(27208)

内容简介

《绿色校园与未来 2》，供全日制小学高年级使用；旨在引导学生深化认识校园及与家庭生活相关的各种环境，激发学生对于环境的大爱和创新能力，并由此开始绿色实践和行动。

本册编写团队主要由中国绿色建筑与节能专业委员会绿色校园学组、同济大学、北京第二实验小学朝阳学校、长沙岳麓区实验小学组成。

《绿色校园与未来 2》项目支持机构与单位：

方兴地产(中国)有限公司

能源基金会

WWF（世界自然基金会）

《绿色校园与未来 2》项目总协调组织：

同济大学

如有任何问题，请联络中国绿色建筑与节能专业委员会绿色校园学组：

http://www.greencampus.org.cn

《绿色校园与未来 2》编制工作组

主　编

吴志强

顾　问

王有为　何　操　何镜堂　刘加平　张锦秋　王小平

编委会成员（按姓氏笔画排列）

王颖捷　牛　倩　关亚欣　李　嵘　吴　静

张有为　陈　慧　黄利华　黄晨曦　彭　熙

编务协调

汪滋淞　王　倩　齐静静　刘要林

校　对

张　磊

审　稿

陈胜庆　张　琦　陈吉菁　吴　玥

技术咨询

田　炜　田慧峰　夏　麟

美术编辑

张雪青　杜晓君　丁　玥　孔博雯　屈　璐　童　佩　姜　岸

序　言

绿色校园的梦想

校园是当今社会不可或缺的重要组成部分，也是国家未来领袖和未来社会主人的摇篮。中国今天共有各级各类学校 50 多万所，全国各级各类学历教育在校生为2.6亿人，比上年增加333万人。其中，普通小学为 24 万多所，在校学生人数为 9900 多万人，在职教师为 560 多万人，校舍面积为 5.7 亿平方米。校园是培养造就下一代的地方，是文明传承与创新的家园。校园是否绿色、环保、低碳，直接关系着祖国下一代的健康，也影响着民族下一代的精神面貌和价值观。看看今天的校园能否绿色，就知道明天一个国家能否绿色；看看今天的学校能否可持续，就知道一个民族的明天能否可持续。

绿色学校是指学校在实现其基本教育功能的基础上，以可持续发展思想为指导，通过学校的绿色建设，使之成为培养学生的绿色生态文明价值观，并辐射全社会，使其走向生态文明的共同的鲜活教材。

本教材侧重于帮助小学生感悟人类生存需要

美好的环境这一客观规律，掌握简单的环境保护行为规范要求，认识环境保护的重要性，区分环境品质的优劣，养成关注周遭环境的行为习惯。旨在引导学生深化认识校园及家庭生活相关的各种环境，激发对于环境的大爱，并由此开始绿色实践和行动。希望小朋友们从中学习和了解“绿色校园”发展过程中的关键步骤，寓教于乐，快乐踏出“绿色校园”小使者的第一步。

绿色教育，是中国学生培养创新性的重要环节。本教材以生动活泼、富于启发的形式，培养学生的可持续创新能力和绿色生活习惯，建立绿色、节能的生活理念。培养学生从身边做起，成为带动身边的人一起参与社会的可持续发展的小小领导者。

二零一五年春于同济园

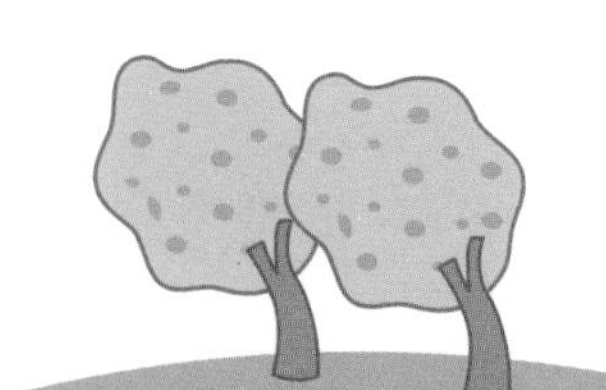

目 录

大家好！
我是格润！

我是美美！

第一单元　城市的土地

学习目标

1. 了解我国土地资源浪费的情况。
2. 通过讨论和调查，使学生了解高效利用土地的方法。
3. 通过学习，培养孩子珍惜土地资源的意识。

第一节　土地资源的浪费

大家好，我们是格润和美美，下面我们一起来了解我国的土地资源情况吧。

中国是一个人多地少的国家，拥有 1.33 亿公顷的耕地，位居世界第三位，但是人均耕地却只有 0.11 公顷，仅有世界平均水平的 43%。

谈一谈你的感想吧！

说一说

我们都用城市的土地建什么了？

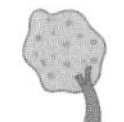

议一议

你身边土地的浪费现象有哪些？

场景一：

规划不合理的空旷开发区，零星的有几个建筑，大片土地闲置。

场景二：

面积很大的广场，却从来没有什么人。

场景三：

在紧缺的土地上建造巨大的别墅，浪费土地资源。

写下你所看见的土地浪费的现象吧

第二节　土地的开发与利用

小伙伴们，我们已经知道了现在土地浪费现象非常严重。那么，我们一起开动脑筋，一起来想一想如何更好地开发和利用土地资源吧！

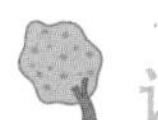

读一读

下面这些高效利用土地的方法，举一些你看到的例子？

层次多样的绿化空间

比如采用立体绿化，就是把裸露在日光中的地方，如屋顶、墙体、阳台等用绿色植物覆盖起来以扩大绿化面积。

停车场地优化

通过加设立体停车库，在相同的停车数量前提下，可以减小土地需求，目前我国采用较多的是双层停车库。

地下空间的利用

我们还可以把一部分对阳光、景观要求不高的建筑放入地下，这样可以节约地面建筑面积，例如库房、商场和停车场。同时，可以增加地面绿化面积，起到改善环境的作用。

高效的道路系统

随着人们生活水平的不断提高，私家车的数量也不断增长。面对这样的趋势，我们需要更加有效率的道路系统，例如立体交通。

看了以上四个材料，可以得出高效利用土地的方法：

你还有其他高效利用土地的方法吗？

第二单元 绿色能源的呼唤

同学们，你们都听说过能源吧？我们人类生产、生活和学习都要消耗大量的能源。能源的大规模使用虽然可以为人类享受高水平的物质生活提供重要的基础，但是终究会有那样一天，地球上的能源会消耗殆尽，所以就让我们一起呼唤绿色能源的开发和利用，早日实现低碳社会吧！

学习目标

1. 感受传统能源的日益紧缺。
2. 了解绿色能源的开发与运用。
3. 调查日常生活中的碳排放量。
4. 积极开展低碳节能行动，树立低碳行动理念。

第一节　传统能源

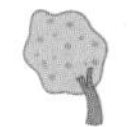

说一说

你知道哪些传统能源？它们在生活中有哪些用处？

我知道传统能源也叫常规能源，包括木材、煤炭、石油等。

煤炭、石油都是化石能源，化石能源是目前全球消耗的最主要能源。

读一读

中国的能源情况，谈谈你的感受是什么？

01 中国地大物博，能源总量比较丰富，但是如果这些能源按照人均拥有量来衡量的话，中国就是一个能源储备比较低的国家了。煤炭、石油和天然气的拥有量都远远低于世界的平均水平。

02 据了解，我国煤炭目前还可以使用 54 ~ 81 年，石油目前还可以使用 15 ~ 20 年，天然气目前还可以使用 28 ~ 58 年。但是，事实远比这些数据更加可怕，如果人们对能源的需求继续增长，局面将会非常严峻。

03 与此同时，还有一个非常严峻的问题，那就是环境污染。同学们可能还不知道，这些导致全球变暖和雾霾产生的罪魁祸首，如交通运输、工业生产、高楼建设等活动不仅会消耗大量的能源，同时还会产生大量的二氧化碳、二氧化硫等有害气体，也是造成城乡雾霾的主要原因呢！

04 同学们，你们知道为什么会产生能源危机吗？建筑能耗和工业化生产都是造成大量能源危机的原因之一。例如，北方城市建筑物在冬季的过渡供热，不仅消耗了大量能源，还污染了自己城市的空气。如果我们不正确地面对这个问题，总有一天，地球上的能源会消耗殆尽！

第二节 绿色能源

说一说

你知道什么叫做绿色能源吗？它都包括哪些能源？

在地球化石能源即将消耗殆尽的今天，我们的国家开发和利用了许多“绿色能源”，它们的前景可是非常广阔的啊！

我知道，比如说我们熟悉的风能、太阳能、水能、地热能、生物能、海洋能等都是绿色能源。

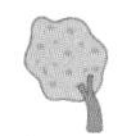

议一议

下面图片属于哪一类可再生能源？

比一比

LED 灯和普通白炽灯比较，LED 灯有哪些好处？

从光效指标可以看出，同样照度下，LED 灯的耗电量只有普通白炽灯的 80%。你明白其中的道理吗？和你的同伴们说一说。

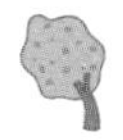

小小阅览室

太阳能就是从太阳内部不停释放出来的巨大能量，它可是一种无污染、可以免费使用的重要能源。我们人类日常生活所需的绝大部分能源都来自于它！

水能主要用于水力发电，它可以将水的势能和动能变成我们日常生活中所需要的电能。它是一种无污染、成本低、可再生的重要能源。我国有比较丰富的水能资源，开发潜力很大。

风能就是利用空气的流动产生的可利用的能源。空气流动的速度越快，风能就越大。比如在沿海地区或地广人稀的大草原上，风能作为一种绿色能源有着巨大的发展潜力。

地热能地球的中心有着很高的温度，而地热能就是蕴藏在地球内部的可再生能源。人们常常把它们用于温泉沐浴、灌溉农田、供热采暖等。目前为止，地热能的开发与利用仍处于初始阶段，但是随着人类对地热能的不断探索，我们对它的掌握能力也不断提高，地热能必会在今后的生活和学习中发挥更重要的作用。

生物能是一种可再生能源，是太阳能以化学形式贮存在生物质中的能量形式，是以生物质为载体的能量。它直接或间接地来源于绿色植物的光合作用，可转化为常规的固态、液态和气态燃料。

第三节　低碳行动在身边

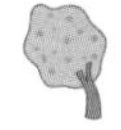

想一想

我们的生活中随处可见的低碳行动都有哪些？

○　人走灯灭

○　洗手过程中关掉水龙头

○ 不坐电梯，走楼梯　　○ 空调温度 26 度

做一做

请你设计低碳生活行动方案，并填写行动记录单。

________________家庭低碳生活行动记录单

活动日期：

家庭成员：

节能内容	节能形式	节能过程	节能效果

第三单元　水的利用

同学们，在我们的身体里六成都是水。在地球上，哪里有水哪里才会有生命，一切生命活动都起源于水。水的作用远远超乎你对它的了解，几乎涉及我们生活的每一个领域。试想如果有一天我们没有了水，我们的生活会是怎样？让我们带着这些思考共同走进水的世界！

学习目标

1. 了解我国水资源的现状及重要性。
2. 掌握一些简单的水循环方式。
3. 感受水质与健康之间的密切联系。
4. 保护水环境从我做起。
5. 与同学、家人一起共同开展节水活动。

第一节　珍贵的水资源

议一议

你认为水资源重要吗？

如果没有了水，地球上就没有生命。

如果没有水，大地就会干裂，植物就会枯萎，动物就会绝迹。

想一想

我们的身边有没有污染、浪费水资源的现象？

做一做

你能试着做一做水资源现状的调查吗？

中国人口数量多、工业用水量大、水资源的严重污染及浪费是造成水资源紧缺的主要原因。

如果我们已知这样的缺水现状却仍不知警醒，若干年后我们必将面临饮用水的枯竭。

第二节　身边的水循环

说一说

你知道有什么可以循环利用水的方式吗？

天上下雨的时候，可以把雨水收集起来。

家里洗菜淘米的水，可以浇花。

议一议

下面这些水循环方式，你想到了哪些？

记一记

你在一周里使用了哪些水循环方式？

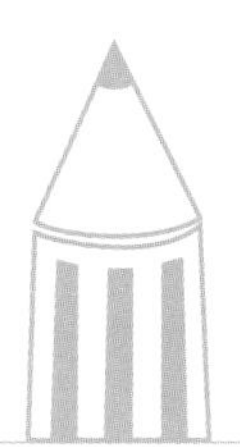

第三节　水质与健康

想一想

如果喝了水质不干净的水会有什么样的结果？

喝了不干净的水，会肚子痛。

喝了受到污染的水，
可能会得病。

议一议

污染水质的来源有哪些？

场景一：

工厂（工业）污水未经处理，排入河流，污染河流水质。

场景二：

养猪场（农业）废水直接排入河流，河流水质被污染。

场景三：

小区里（民用类）污水直接排入河流，污染河流水质。

做一做

你能做一做由于喝了不洁净的水引起健康问题的数据调查吗？

第四节　保护水环境

想一想

小学生适合的保护水环境的方式有哪些？

不要向湖水、河水这些大自然中的水体扔垃圾，同时也要阻止身边的家人和朋友污染水环境。

我们生活中要节约使用每一滴水。

议一议

下面这些保护水环境的方式，你知道哪些？

○ 不要向湖、河或大海里乱丢垃圾，因为这样会污染这些水，让这些水容易变脏发臭。

○ 在水源地植树造林，这样可以保护水源地。

○ 不伤害花草树木等野生植物；不伤害昆虫、鸟类等野生动物，自然才能保持平衡，我们的水源才会干净。

○ 小朋友刷牙和洗手的过程中，不要空放水流，要拧紧水龙头。这样可以节约用水。

○ 用洗菜水浇花，这样可以节约用水。

○ 洗澡的时候，使用淋浴的方式，这样可以节约用水。

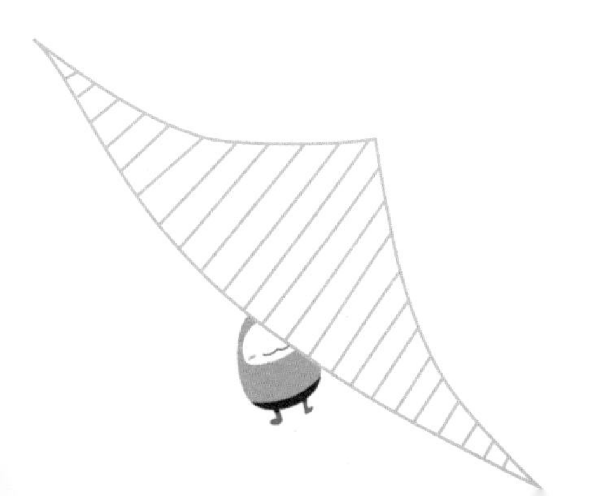

第五节　实践课

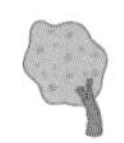

想一想

在你的生活中，有哪些习惯、哪些设施需要改进，可以节约更多的水？记录下来。

____

____

做一做

设计节约用水活动，并填写活动记录单。

________________小组节约用水活动记录单

活动日期：

小组成员：

宣传角度	活动形式	活动过程	活动结果

第四单元 固体废弃物的新生

固体废弃物，俗称垃圾，指“在生产、生活和其他活动中产生的丧失原有利用价值或者没有丧失利用价值但被抛弃或者放弃的固态、半固态和置于容器中的气态的物品、物质”（《中华人民共和国固体废弃物污染环境防治法》）。通俗来讲就是平时我们丢弃的一些自认为没有利用价值的固态物品。

固体废弃物分为以下五类：可回收固体废弃物、危险废弃物、一般生产垃圾、生活垃圾、建筑垃圾。

学习目标

1. 了解垃圾为什么是“放错地方的资源”。
2. 了解环境 3R 原则和垃圾的分类。
3. 了解酵素，会制作酵素。
4. 运用所学的知识实践环境 3R 原则和垃圾分类的方法。

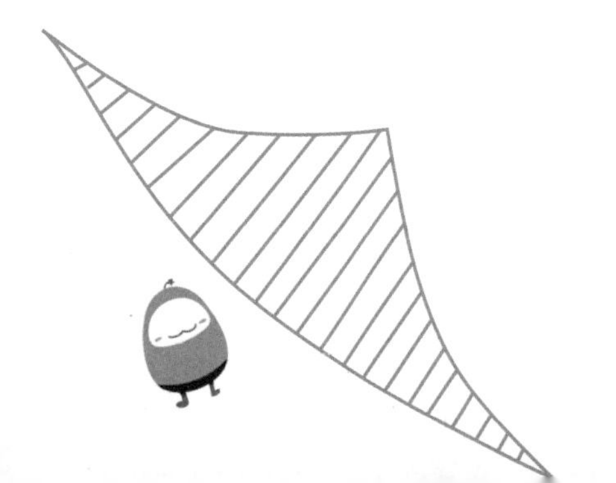

第一节　放错地方的资源

猜一猜

美美，请你猜一猜这是什么：每个人每天产生 1 公斤；每个家庭，每天产生 3 公斤；长沙市每天产生 3700 多吨，夏季是它产生的高峰期，可达 3800 至 4500 吨，长沙市每年为处理它要用资金超过 2 亿元呢！如果没正确处理，它就成为有毒有害物品；但处理得当，它就会摇身一变，成为宝贝呢！

格润，可别小瞧我哟，我知道：是垃圾。这可是放错地方的资源。在德国，每处理 12 万吨垃圾就能发电 150 千瓦时。在法国，每年 17% 的垃圾被转化成了可利用的能源……

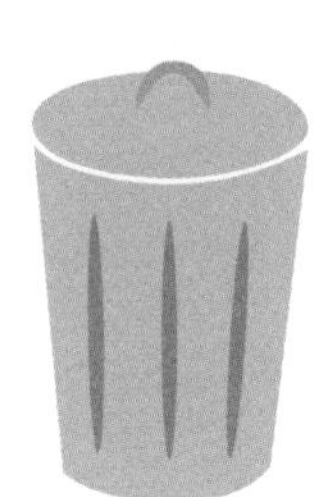

在生活中你还遇到过哪些变废为宝的事例呢？如果有的话就和大家一起分享吧！

美美，生活中怎么会有这么多的垃圾？一天中我们会产生哪些垃圾呢？

是呀，那让我们一起统计，一天中我们可能产生哪些垃圾吧！

写一写

一天的垃圾

早晨 7 点	
上午 10 点	
中午 12 点	
下午 4 点	
晚上 6 点	

备选项

一次性筷子、一次性纸杯（塑料杯）、饮料瓶、餐巾纸、菜叶、鱼骨、旧报纸、抹布、牙膏壳、破损的衣物、破损餐具、鸡蛋壳、瓜子壳、水果皮、牛奶盒、面包袋、零食包装袋、废电池、草稿纸、用完的圆珠笔、水笔、剩菜剩饭……

想一想

我们产生的垃圾最后到哪里去了，人们平时是怎么处理垃圾的？

在城市里，我们每天产生的这些垃圾，都由环卫部门的垃圾清运车收集起来，集中到垃圾处理厂。通过机器简单地分类，有一部分是进入了垃圾填埋场，还有一部分是进行了焚烧。

在乡村，垃圾很多被丢弃在野外，堆成小山包后就直接被烧掉。

填埋的方法会占用非常多的土地。焚烧的方法，如果控制不好，还会产生有毒物质，对人的健康不利。怎样做才是解决垃圾问题更有效的一些方法呢？

我知道一个“环境 3R 原则”那就是：Reduce 减少、减量；Reuse 再利用；Recycle 再循环。

我知道垃圾分类回收能够有效地解决垃圾问题。不仅可以减少垃圾处理量，还能减少土地资源的消耗。

第二节 环境“3R”

读一读

环境“3R”包含的内容：

为了减少垃圾处理的工作量，就要从源头上减少垃圾的产出，做到Reduce。
Reduce就是减少、减量。

一方面我们少制造垃圾，另一方面我们发现生活中许多物品可以重复使用，这就是我们要做到的Reuse。
Reuse就是再利用。

对于生活中的一些废弃物，我们可以从垃圾中回收它们并重新加工利用，通过一定的方式循环利用，使得垃圾又重新回到我们的生活中，这就是Recycle。
Recycle就是再循环。

想一想

生活中怎样才能做到减量化、再利用、再循环呢？

减少或是不使用塑料袋、一次性筷子。回收废纸造再生纸、一水多用……

我们学校开展"光盘行动"，还创作了许多有关"光盘行动"的小标语呢！

做一做

01 你还能创作出一些关于"光盘行动"的宣传语吗？

02 下面的三种物品，你还有哪些再利用的办法？

03 发挥你的想象力，看看身边有哪些闲置物品，和同学们一起找到它们的新用途。

闲置物品	新用途

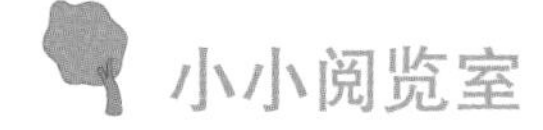

小小阅览室

限塑令

塑料购物袋是日常生活中必需品，我国每年都要消耗大量的塑料购物袋。塑料购物袋为消费者提供便利的同时，由于过量使用及回收处理不到位等原因，也造成了严重的能源、资源浪费和环境污染。特别是超薄塑料购物袋容易破损，大多被随意丢弃，成为“白色污染”的主要来源。我国国务院办公厅于 2007 年 12 月 31 日发布了关于限制生产、销售、使用塑料购物袋的通知，该通知被人们称为“限塑令”。

唱一唱

3R 之歌

Reduce,Reduce, 减少，减量，
Reuse,Reuse, 再利用，
Recycle,Recycle, 再循环，
绿色中国我能行。

曲调就是我们都很熟悉的《小星星》啊：
一闪一闪亮晶晶……

第三节　垃圾分类回收

说一说

你知道，在我国垃圾是怎么分类？

可回收垃圾、不可回收垃圾。

可回收垃圾、其他垃圾、有害垃圾、厨余垃圾。

读一读

厨余垃圾：包括剩饭、剩菜、骨头、菜根菜叶、果皮等食品类废物。

有害垃圾：包括电池、废日光灯管、废水银温度计、过期药品等。

可回收垃圾：主要包括废纸、塑料、玻璃、金属和布料五大类

其他垃圾：包括除上述几类垃圾之外的砖瓦、陶瓷、渣土、卫生间废纸等难以回收的废弃物。

废旧电池

电池给我们的生活带来了方便，但是研究表明一颗纽扣电池丢弃到大自然中，可以污染60万升的水，相当于一个人一生的用水量，所以我们要回收电池，由专业人士进行集中处理。

医疗垃圾

医疗垃圾是属于危险废物，应该与一般垃圾分开，对产生的医疗垃圾进行进一步的分类、收集，并进行详细登记，再由专车送到指定的地点进行焚烧处理。

垃圾混装是把垃圾当成废物，而垃圾分装是把垃圾当成资源；混装垃圾无论是填埋还是焚烧都会污染土地和大气，而垃圾分装则会促进无害化处理，分装垃圾只需我们的举手之劳。垃圾分类、分装并不难！只要我们人人参与，养成良好的习惯，我们周围的环境一定会变得更加清洁和美丽。

你知道吗？

每回收 1 吨废纸可造好纸 850 公斤，节省木材 300 公斤，比等量生产减少污染 74%；每回收 1 吨塑料饮料瓶可获得 0.7 吨二级原料；每回收 1 吨废钢铁可炼好钢 0.9 吨，比用矿石冶炼节约成本 47%，减少空气污染 75%，减少 97%的水污染和固体废物。厨房垃圾包括剩菜剩饭、骨头、菜根菜叶等食品类废物，经生物技术就地处理堆肥，每吨可生产 0.3 吨有机肥料。

美美，听说长沙梅溪湖国际新城建设得非常漂亮，而且垃圾的处理利用做得很好。

是的，梅溪湖新城还是“国家绿色生态示范城区”呢。让我们一起上网了解一下其他的绿色生态示范城区吧。

梅溪湖国际新城主要是进行垃圾分类，把分好类的垃圾送至城区外部不同的垃圾处理场地，实现垃圾的资源化和无害化。对已分类的纸板、玻璃、金属和塑料等可回收垃圾，尽量在城区内部进行再利用，织物可以进行清洗捐献给慈善机构，不能够再利用的可回收垃圾，分类运输，出售给专门的处理机构或垃圾收购点。

对生活中的有害垃圾和易燃垃圾，一般应由居民家庭负责分类，地方政府负责收集、处理。比如电池的收集，就由地方政府负责，所有废弃的电池都必须分类丢弃在有害垃圾回收点或销售电池商店的垃圾箱里。对餐厨垃圾，考虑在居住建筑中设置厨房垃圾粉碎机和输送管道系统，对剩饭剩菜等易腐烂的垃圾进行粉碎处理后直接排入下水道。

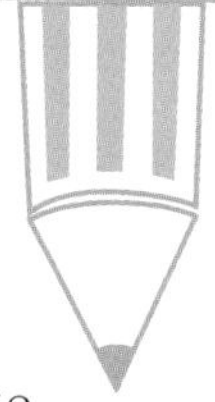

通过了解梅溪湖新城的城市垃圾处理，你有哪些收获？

第四节　实践课

环保酵素救地球——化腐朽为神奇

资料来源：互联网 .

格润，你知道这些瓶子里装的是什么？

我当然知道啦，它们就是一瓶瓶的环保酵素，是混合了糖和水的厨余（鲜垃圾）经发酵后产生的棕色液体，有柑橘般的气味。

酵素由泰国的乐素昆博士(Dr. Rosukon)研究出，也称为垃圾酵素。它不但制作过程简单、制作材料随手可得，在家居、农业或养殖业等方面都是必备的好帮手而且有数之不尽的用途，还能减少垃圾，净化水质，对环保起着很大的作用。

1. 减少垃圾：丢弃的厨余会释放甲烷废气，比二氧化碳导致地球暖化的程度高 21 倍。
2. 省钱化厨余：DIY 环保清洁剂，节省家庭开销。
3. 家居生活好帮手：天然清洁剂、空气净化剂、洗衣剂、汽车保养剂、衣物柔软剂等。
4. 净化下水道：用过的环保酵素最后流到下水道，能净化河流与海洋。
5. 除臭，净化废气：有除臭功能，可消除香烟气味、汽车废气、家居喷剂的毒气等。
6. 防水管堵塞：可疏通马桶或水槽。
7. 减少有害菌：能分解和消灭有害微生物和霉菌。

拯救地球，从厨房垃圾开始，自己动手做环保酵素。

 酵素制作步骤

材料

水、鲜垃圾（蔬菜叶、水果皮等）、糖（红糖、黄糖或糖蜜）

容器

有密封盖口的塑胶容器

制作过程

01 选择一个有密封盖的容器，加入10份水。

> ●**小提示**
> 水约为容器的60%。一定要留下足够的发酵空间。同学们最好从塑料容器开始，熟练后才可以使用玻璃等不易膨胀的容器。

02 加一份红糖，搅拌均匀。

> ●**小提示**
> 最好是用土红糖，超市购买的红糖大部分含防腐剂，会抑制发酵。如果暂时只能买到超市红糖，可以加量。

03 放入3份新鲜果皮垃圾，加进去之后，瓶口应留有20%的空间。

●小提示

可用菠萝、橙子皮等，用它们做的酵素特别香。去除农药残留的好办法就是延长发酵时间。

04 关紧瓶口，发酵3个月。

●小提示

第一个月要每天打开瓶口卸放一次气体，防止瓶子鼓胀。也可将瓶子稍微拧松，或加保鲜膜和松紧带扎在瓶口，也可以直接套一个气球在瓶口安全度过第一个月的放气期。

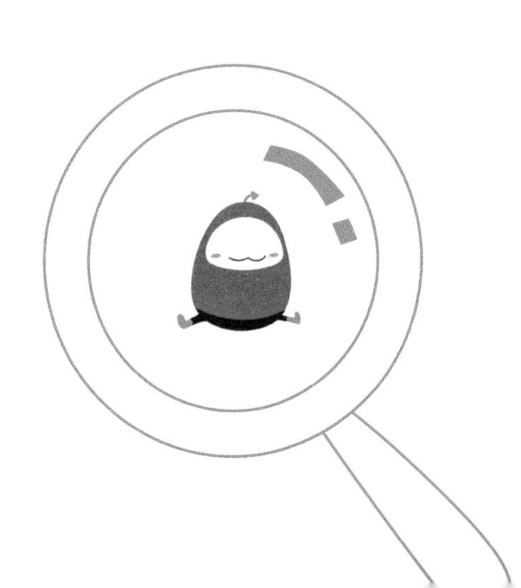

我是行动派——“酵素”成长记录表

姓名：

班级：

居住小区：

记录要求：

1. 如果制作了一整瓶，需记录制作时间，所用材料、数量；
2. 如果一瓶酵素是分几次制作的，每次制作时间、所用材料、数量分别记录；
3. 酵素制作的第一个月，每天固定时间拧松瓶盖放气并立刻旋紧记录每次放气的观察；
4. 一个月后，每周固定时间观察，并记录观察情况；
5. 三个月后，可倒出酵素试用，记录试用的效果，可从颜色、气味使用效果等角度记录；
6. 制作多瓶酵素，本记录纸内容已满的，可自行加页；
7. 对一些关键期进行拍摄，如，制作一瓶酵素的最后日期，每满一个月等。

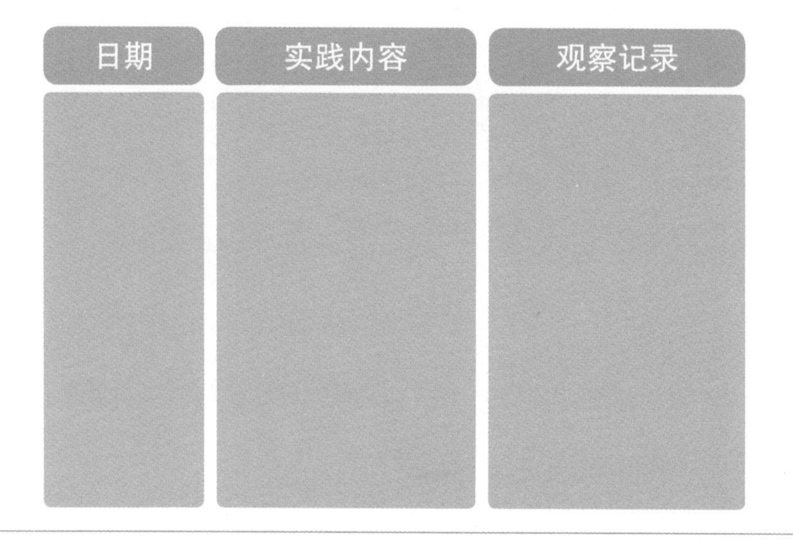

日期	实践内容	观察记录

小小阅览室

1. 避免选用玻璃或金属等无法膨胀的容器。
2. 可将酵素原料（如：菜渣、果皮）切片，切得越小，越有助于分解。
3. 酵素原料避免使用鱼、肉或油腻的厨余（但可作堆肥用），否则会有腐臭味。
4. 酵素的容器需保有 20% 的发酵空间。
5. 若一时无法收集足够分量的鲜垃圾，可陆续加入鲜垃圾，3 个月的期限由最后一次加入当天算起。
6. 环保酵素应该放置于空气流通、阴凉处，避免阳光直接照射。切勿置放于冰箱内，低温会降低酵素的活性。

酵素的比率	KG		
糖 （黑糖、黄糖或糖蜜）	1	300	10
鲜垃圾 （蔬菜叶、水果皮等）	3	900	30
水	10	9000	300

第五单元　绿色出行

同学们，你们每天都采用什么交通方式上下学？你们所用的这些方式是绿色出行么？绿色出行就是采用对环境影响最小的出行方式。你们知道在我们生活中都有哪些绿色出行的方式吗？他们各自都有什么特点？那就让我们一起走进本章的绿色出行，争做绿色出行小达人吧！

学习目标

1. 了解绿色出行的方式。
2. 学习各国交流管理经验和策略。
3. 与同学合作设计一个绿色出行的方案。
4. 实践绿色出行活动，争做绿色出行小达人。

第一节　汽车与生活

说一说

汽车为什么成为现代生活必不可少的交通工具？

乘车外出又快又舒服！

有了汽车，我去看望爷爷奶奶，及与朋友聚会更方便了。

议一议

01 下面的场景与汽车数量的迅速增加有关系吗？

02 汽车数量迅速增加的负面影响有哪些？

汽车越多就越容易堵车！

消耗了更多能源，还给我们带来了一定的污染呢！

第二节　绿色出行方式

说一说

请你试着说一说什么是绿色出行方式？

效率高、节约能源的出行方式。不仅可以减少污染，还有益健康。

既享受汽车带来的好处，又避免汽车带来的弊端的出行方式。

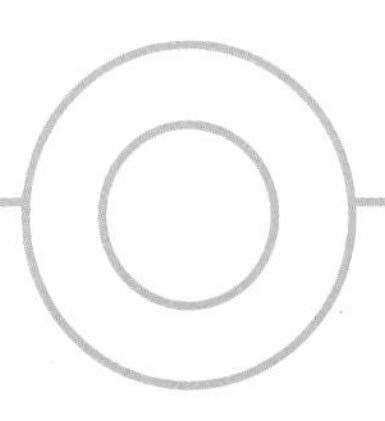

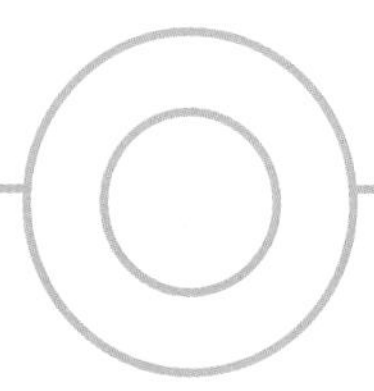

想一想

你还知道哪些绿色出行方式?

家在学校附近就可步行上学。

有些事可通过网络、电话来做，就可以避免出行了。

驾驶排气量小的汽车出行！出行时尽量减少空调的使用。

做一做

你能试着做一做与绿色出行方式相关的数据调查吗?

第三节　绿色交通管理和设计

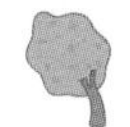

说一说

目前的交通现状给你带来哪些困扰？

妈妈因为怕堵车，每天都要很早出门。

过马路时，有时跟车混在一起挺紧张的。

议一议

从各国交通管理经验你获得了哪些启发？

英国

英国用全球定位系统实现了公交车与信号灯的双向交流，他们的绿灯时间可灵活延长，以使得公交车快速通过红绿灯路口。

日本

日本有多层的立交桥和轻轨铁路，各种交通工具搭乘方便，轨道交通非常发达，还规范公交车的运行环境，有效控制家用小轿车的使用。

想一想

你能想到哪些交通管理的策略？

全面规划、精细设计公交系统，实施公交优先；向智能化交通管理发展。

错时上下班和弹性工作制，有利于减少环境污染和缓解公共交通紧张的情况。

第四节　绿色出行活动

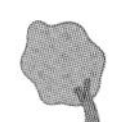

说一说

宣传绿色出行的活动可以有哪些形式？

身体力行，从自己做起。向更广泛的人群做相关的科普宣传。

还可以利用网络进行活动，低碳、高效啊！

想一想

可以从哪些不同的角度宣传绿色出行？

绿色出行的交通工具以及对周边环境的影响。

绿色出行的交通法规意识。

议一议

活动过程中需要做哪些准备？小组内如何分工？

学生查阅收集资料的照片

学生张贴海报的照片

学生制作展板的照片

学生做宣传员的照片

做一做

我是绿色出行小达人活动。

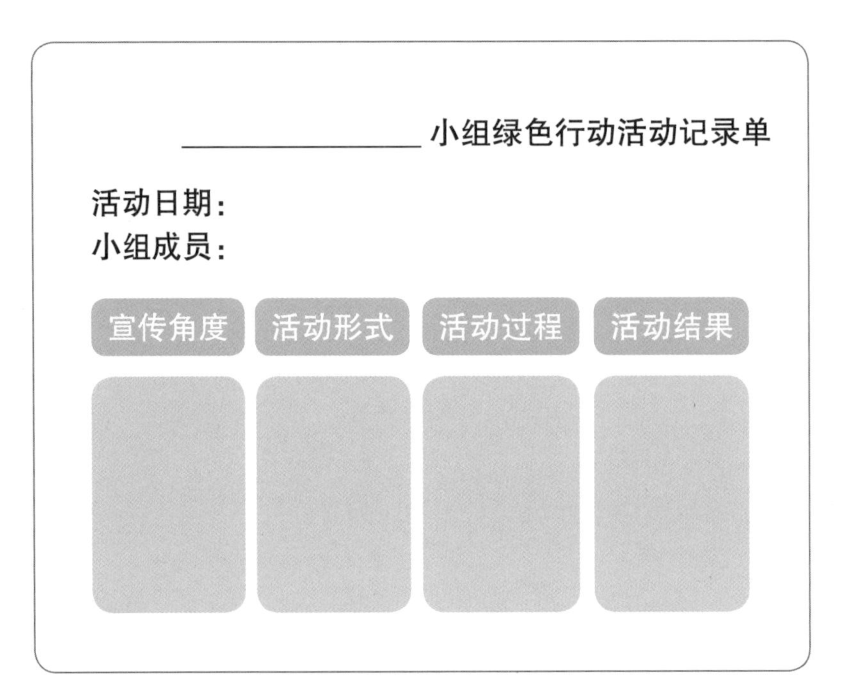

________________小组绿色行动活动记录单

活动日期：

小组成员：

宣传角度	活动形式	活动过程	活动结果

评一评

通过绿色出行小达人活动，你有什么收获？

你还想进一步研究哪些问题？

自我评价一下在这次活动中自己的表现。

第六单元　绿色家庭

学习目标

1. 通过调查了解什么是绿色家庭。
2. 通过查阅资料，了解绿色家庭节能小妙招。
3. 计算家庭水、电、天然气碳排放量。

第一节　衣

大家好，我是格润，我们又见面啦，今天我们一起来数一数在你衣柜里有多少件衣服和裤子吧！

衣服：＿＿＿＿＿件
裤子：＿＿＿＿＿条

你知道吗？

棉质的衣服比化纤质地的衣服碳排放量更少。
一件 250 斤的纯棉 T 恤，碳排放量约为 7 公斤。

动动手

称一称自己所有的衣服和裤子的重量
计算下你所有衣服的碳排放量吧！

$$\frac{\text{总重量}\ \underline{\qquad\quad}\ \text{斤}}{250\ \text{斤}} \times 7000\ \text{斤} = \underline{\qquad\quad}\ \text{斤}$$

说一说

你们家平时洗衣服的方式。

○手洗　　○洗衣机洗　　○干洗店洗

洗衣机洗 5 公斤的衣服碳排放量为 3 公斤。

洗衣节水小妙招

1. 衣服浸泡 15~20 分钟。
2. 衣物应尽量集中洗涤，所洗衣物应接近最大洗衣量。
3. 在使用洗衣机时，一定要根据所洗衣物的质地，合理选择最合适的洗涤模式。

4. 如衣物有局部顽固污渍，可在洗衣之前将顽固污渍特别清洗。
5. 买洗衣机一定要认清能效等级标识，选择高等级、节能型的洗衣机，每月至少能节省一半的水。

第二节　住

家是我们最温暖的港湾，我们要在家里吃饭、睡觉、学习……，怎么样才能让我们的家成为真正意义上的“绿色之家”呢？

设计一个绿色的家。

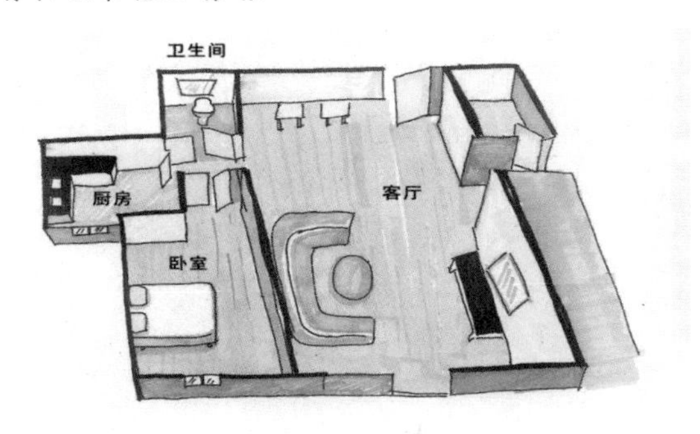

卧室 ____________________

客厅 ____________________

厨房 ____________________

卫生间 ____________________

小小阅览室

能吸收有毒化学物质的植物

芦荟、吊兰、虎尾兰、一叶兰、龟背竹是天然的清道夫，可以清除空气中的有害物质。有研究表明，虎尾兰和吊兰可吸收室内80% 以上的有害气体，吸收甲醛的能力超强。芦荟也是吸收甲醛的好手，可以吸收 1 立方米空气中所含的 90% 的甲醛。

兰花、桂花、腊梅、花叶芋、红背桂等是天然的除尘器，其纤毛能截留并吸滞空气中的飘浮微粒及烟尘。

能杀病菌的植物

玫瑰、桂花、紫罗兰、茉莉、柠檬、蔷薇、石竹、铃兰、紫薇等芳香花卉产生的挥发性油类具有显著的杀菌作用。

紫薇、茉莉、柠檬等植物，5 分钟内就可以杀死白喉菌和痢疾菌等原生菌。蔷薇、石竹、铃兰、紫罗兰、玫瑰、桂花等植物散发的香味对结核杆菌、肺炎球菌、葡萄球菌的生长繁殖具有明显的抑制作用。

丁香、茉莉、玫瑰、紫罗兰、薄荷等植物可使人放松、精神愉快，有利于睡眠，还能提高工作效率。

第三节　用

 我的一天

大家好，我是格润，你敢和我比一比谁一天的生活更加绿色环保吗？

格润的一天		记录我的一天
早睡早起	充分利用自然光	
洗脸漱口	关紧水龙头 使用节能水阀	
去学校咯	及时拔掉插座	
	提前关闭空调	
	乘坐公共交通（135计划）	
	少乘电梯多爬楼	

快乐学习	一张纸多用途	
	不用一次性的文具（水性笔、涂改液等）	
	自带水杯 不使用矿泉水和纸杯	
动手家务	尽量手洗衣服	
	减少使用化学清洁用品	
	不使用一次性日用品	

第四节　我们是行动派——计算我家的碳排放

日常生活中的二氧化碳排放（资料来源：百度搜索）

开电扇一小时	0.045 公斤	开空调一小时	0.621 公斤
看电视一小时	0.096 公斤	听音响一小时	0.034 公斤
开节能灯一小时	0.011 公斤	开钨丝灯泡一小时	0.041 公斤
用笔记本电脑一小时	0.013 公斤	搭公交车一千米	0.08 公斤
每用一吨水	0.194 公斤	每用一立方米天然气	2.1 公斤
洗热水澡一小时	0.42 公斤	吃一千克牛肉	36.4 公斤
买一件 T 恤	4.0 公斤	扔一千克垃圾	2.06 公斤

碳补偿

通过植物光合作用来吸收二氧化碳制造氧气是碳补偿的主要办法。

一棵树生长 40 年，平均每年可吸收 465 公斤二氧化碳，平均每天吸收 1.27 公斤的二氧化碳。

我们一起来计算下碳排放吧（资料来源：百度搜索）

统计项目	电（千瓦时）	自来水（立方米）	天然气（立方米）
月的使用量			
使用量与碳排放量的换算关系	使用量 ×0.8	×0.91	×2
对二氧化碳排放量（千克）			
总计当月家庭二氧化碳排放量（千克）			

计算上学路上的碳排放（资料来源：百度搜索）

常见的交通工具		路程（千米）	使用量与碳排放量的换算关系	碳排放量（千克）
汽车	小排量汽车 < 1.4 升		×0.182 千克 / 千米	
	中排量汽车 1.4~2.0 升		×0.215 千克 / 千米	
	大排量汽车 > 2.0 升		×0.298 千克 / 千米	
公共汽车			×0.105 千克 / 千米 · 人	
轨道交通			×0.079 千克 / 千米 · 人	
电动自行车			×0.0096 千克 / 千米	
自行车			×0 千克 / 千米	
步行			×0 千克 / 千米	

第七单元　绿色校园

同学们，你们听说过“绿色校园”吗？你们想知道它们为什么叫做绿色校园吗？它们和其他学校会有什么不同？就让我们带着这份好奇，迫不及待地走近它们、研究它们吧！

学习目标

1. 了解校园中的节能环保技术。
2. 制订绿色习惯行动计划。
3. 积极开展绿色活动。
4. 与同学合作策划一个绿色活动方案。

第一节　绿色学校建筑

说一说

你听说过这些校园中的节能环保知识吗？

屋顶绿化技术　　采光筒　　绿色照明技术

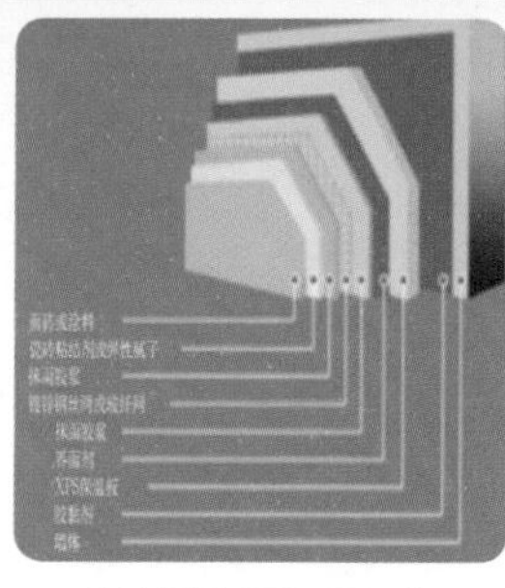

电动可调节外遮阳技术　　外墙外保温技术　　CO_2 浓度监测系统

（资料来源：北京第二实验小学编绘）

读一读

这些节能环保技术的相关材料，谈一谈你的收获？

采光筒

将太阳光引入教室内照明。适度的阳光能促进人类骨骼健康发育，有益于人类身心健康，是活力之源！采光筒就是让我们更充分地利用太阳的自然光，而减少使用电灯，既让我们更健康地成长、更舒适地学习，同时还减少能源的消耗。

CO_2浓度监控系统

在密闭的房间内，二氧化碳浓度过高，对人体是有害的，少则让人犯困，严重的还会危害人的生命。CO_2浓度监测系统的监测器在教室二氧化碳浓度超标时，会发出报警信号，并控制新风系统，把新鲜的空气送进教室，这样能享用新鲜、健康的好空气了。

绿色照明

光照不好的环境最容易引起近视。采用绿色节能的照明灯具进行照明，其目的有两个：一个是保护大家的视力，让眼睛舒适；另一个是节约能源，使用节能灯比普通的白炽灯可以节约一半以上的电量。

外墙外保温系统

是为教室能享受到一个舒适的学习环境进行的节能设计：对外墙使用了9个层次的材料，就像给房子穿了9层外衣，帮助它御寒。从而让房子在冬天也能保证室内温暖舒适，进而减少供暖的能源消耗。

屋顶绿化系统

在屋顶建造的绿色花园，就像是在夏天给房子撑上一把绿色的遮阳伞，在冬天给房子盖上厚厚的绿被子。所以，屋顶花园让教室内夏天不热，冬天不冷，节约能源。

电动可调节外遮阳技术

太阳光给我们带来阳光和热量。夏天可避免过多的太阳辐射热量进入教室，冬天又可以让太阳光和热更多地进入教室。它可是自动控制升降哟！

评一评

你知道绿色校园的评估标准吗？你的学校可以评几星？

绿色建筑评价标识是国家住房和城乡建设部发布的一套对绿色建筑的评价标准，将绿色建筑分为一、二、三星级。

我国的绿色建筑评价标准可丰富了。我们还有自己的《绿色校园评价标准》呢！让我们一起去绿色校园学组网站 www.greencampus.org.cn 看看吧！

第二节 绿色健康习惯

小小阅览室

什么是绿色习惯?

绿色是充满活力的颜色。绿色代表的含义有很多，它既是植物的颜色，代表生命以及生命的状态；又可以表示心情平静，安详娴静；它还可以表示健康，表示安全，使人对生命的活力充满无限希望；绿色是和平；绿色是环保……“绿色行动”往往是一种道德高尚、行为文明的体现！“绿色习惯”也就是指积极地、阳光的、向上的好习惯，它随时渗透在同学们每天的学习生活中。

说一说

他们已经具备了哪些绿色习惯?

找一找

校园中老师们的绿色习惯有哪些?

我发现老师们用纸时，把两面都用到了。

我发现老师的签字笔没水了，
保留笔杆，只换笔芯。

夸一夸

校园中同伴们的绿色习惯有哪些?

很多同学都能做到每天带手绢，
通过使用手绢节约了大量的用纸。

我们班的灯官特别负责，同学们书写时
他来开灯，不需要时又及时关灯。

想一想

自己还需要增加哪些绿色习惯？

绿色习惯行动计划

我要增加的绿色习惯：____________________

这个习惯对我的意义：____________________

习惯培养分阶段目标：____________________

第三节 绿色多彩活动

说一说

你们学校开展过哪些绿色教育活动?

我们学校组织过绿色科技演讲比赛。

我们学校的老师还带着我们做过"绿色校园"、"绿色习惯"的主题研究课呢。

我们学校开展了"小问号——叩响科技之门"的科技节活动。

议一议

在活动中，你有哪些收获?

学校组织了这么多活动，我觉得非常高兴。我们不能再乱扔垃圾了，要保护地球，最好多爬楼梯，少开车，还地球妈妈一片绿色，让地球妈妈开心快乐起来，不再哭泣!

参加了这么多活动，我觉得绿色行动要从我做起，我们要爱护好我们的环境，不随地乱扔垃圾。要节约用水，保护好水资源，让我们的地球变得更美丽！

做一做

日常生活中，我们应该怎样做？

我可以每天带手绢上学，减少使用餐巾纸。

我会让家长骑自行车接送我上下学，周末外出我也会选择坐公共交通工具出行。

第四节　绿色宣传方案

议一议

校园中有哪些绿色元素可以进行宣传？

双面打印、大面积绿化等绿色行动。

随手关灯、珍惜粮食、用手绢等绿色习惯。

说一说

你准备通过哪些方式宣传绿色校园？

我们可以将垃圾分类的知识带到生活中去，对家人及周边的邻居们进行宣传，用实际行动为绿色环保事业作出自己的一份贡献。

我们成立小小宣传讲解团，向来到我们学校的客人们宣传我们的绿色校园。

做一做

设计一次绿色宣传活动，并填写活动记录单。

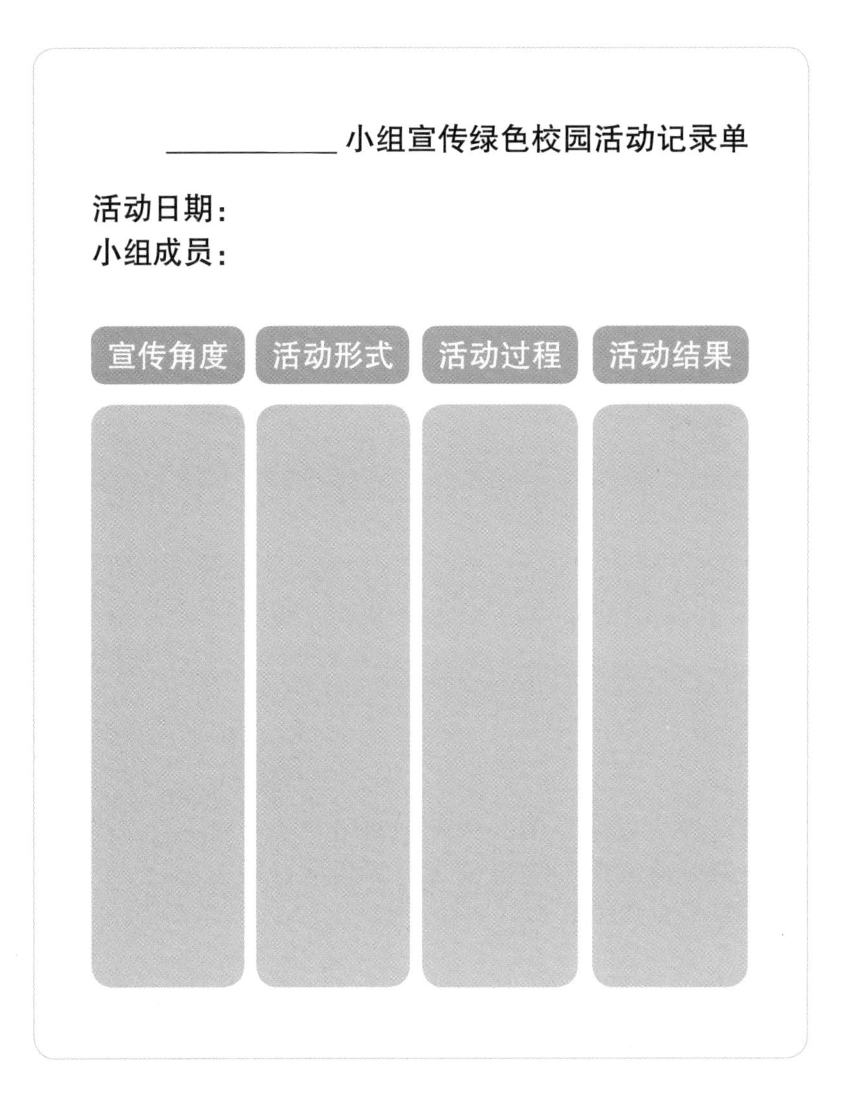

第八单元　未来绿色校园设计大赛

小伙伴们，经过前面七个单元的学习，我们的课程即将接近尾声，在这个单元我们将以小组合作的形式，一起来设计我们未来的绿色校园，参照中国绿色校园学组网站上的推荐案例，将你们心中的绿色校园用文字和图画进行展示，还等什么，一起行动起来吧！

教室的窗户不要太小，适当的窗户面积可以保障充足的自然光，减少使用电灯的时间。

使用分类垃圾桶，将产生的垃圾进行合理分类，垃圾可是放错地方的资源哦！

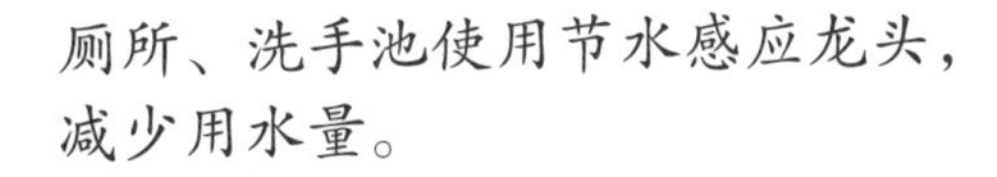

厕所、洗手池使用节水感应龙头，减少用水量。

我们首先组建自己的设计团队，人数：5~7人，每个人进行分工。

小组合作表

小组名称	
组　长	
组　员	

组内相互讨论一下，未来绿色校园有哪些你关心的主题？再上网查看一下绿色校园学组的网站www.greencampus.org.cn，我们真是大开眼界了。

学校的学习、生活垃圾怎样处理，能够保护环境，减少污染？垃圾尽量能够循环利用。

校园怎样节约水资源？怎样进行草坪绿化最节水？雨水怎样利用？在家里使用节水马桶，节水龙头，养成随手关紧水龙头的习惯等。

校园怎样节约能源？校园道路上安装太阳能路灯，教室内养成随时关灯的好习惯，使用节能电器。

将你们小组所感兴趣的主题写下来吧！

小伙伴们，你们已经将小组的主题讨论出来啦，接下来一起动手将本组的活动方案填写完整吧！同学们，我们如果在方案的设计中遇到了困难，可以采访一些专业人士，如城市设计院的专业人员或美术教师等，并将采访的内容记录下来吧！

采访记录表

<table>
<tr><td>主题名称</td><td colspan="5"></td></tr>
<tr><td>访问者</td><td></td><td>班级</td><td></td><td>指导教师</td><td></td></tr>
<tr><td colspan="2">访问方式</td><td colspan="4">电话○ 书信○ 面谈○ 网络○ 其他 ____</td></tr>
<tr><td rowspan="2">访问对象</td><td>姓名</td><td></td><td>工作单位</td><td colspan="2"></td></tr>
<tr><td>职务</td><td></td><td>联系电话</td><td colspan="2"></td></tr>
<tr><td>对象选择理由</td><td colspan="5"></td></tr>
<tr><td>访问日期</td><td></td><td>地点</td><td></td><td>访问时长</td><td>共_分钟</td></tr>
<tr><td>访谈主题</td><td colspan="5"></td></tr>
<tr><td>采访目的</td><td colspan="5"></td></tr>
<tr><td>活动准备</td><td colspan="5"></td></tr>
<tr><td colspan="6">拟定采访的问题：</td></tr>
<tr><td colspan="6">访问记录（整理要点）</td></tr>
<tr><td colspan="6">结果（是否达到目的、解决什么问题、有些什么收获和体会）</td></tr>
<tr><td colspan="6">被访问者的意见或建议（包括对学生和活动的评价）
签名：
年 月 日</td></tr>
</table>

____________未来绿色校园设计方案

____

____

____

____

____

____

____

____

____

____

____

____

____

____

____

____

如果老师和同学感到自己的绿色校园设计方案做得很好，请发送到中国绿色校园学组和国际绿色校园联盟（IGCA）网站 www.greencampus.org.cn 上的联系邮箱，说不定你的方案还会被评为全国优秀设计方案，在网站上发布出来呢！

END